# 谷子品种 DUS 测试操作手册

农业农村部科技发展中心  
张家口市农业科学院  组编

中国农业科学技术出版社

图书在版编目（CIP）数据

谷子品种 DUS 测试操作手册 / 农业农村部科技发展中心，张家口市农业科学院组编；纪军建，张凯淅，付国庆主编. -- 北京：中国农业科学技术出版社，2025. 2. ISBN 978-7-5116-7324-4

Ⅰ. S515.37-62

中国国家版本馆 CIP 数据核字第 20258AW331 号

责任编辑　周伟平
责任校对　李向荣
责任印制　姜义伟　王思文

出 版 者　中国农业科学技术出版社
　　　　　北京市中关村南大街 12 号　邮编：100081
电　　话　（010）82106638（编辑室）　（010）82106624（发行部）
　　　　　（010）82109709（读者服务部）
网　　址　https://castp.caas.cn
经 销 者　各地新华书店
印 刷 者　北京建宏印刷有限公司
开　　本　170 mm×240 mm　1/16
印　　张　5
字　　数　70 千字
版　　次　2025 年 2 月第 1 版　2025 年 2 月第 1 次印刷
定　　价　48.00 元

版权所有·侵权必究

**主　　编** 纪军建　　张凯淅　　付国庆

**副 主 编** 霍阿红　　王　瑶

**编写人员**（按姓氏笔画排序）
　　　　　　王　瑶　　左振兴　　付国庆　　纪军建
　　　　　　张凯淅　　陈令玮　　寇淑君　　霍阿红

# 《谷子品种 DUS 测试操作手册》说明

本手册是《植物新品种特异性、一致性和稳定性测试指南 谷子》（NY/T 2425—2013）的补充说明。

本手册包含了对谷子品种进行 DUS 测试的基本程序和判定标准。

本手册内容基于河北省张家口市坝下测试点的自然环境条件提出，其他测试地点可根据实际情况予以参考。

本手册主要起草单位：张家口市农业科学院［农业农村部植物新品种测试（张家口）分中心］、农业农村部科技发展中心（农业农村部植物新品种测试中心）。

**第一部分　谷子品种 DUS 测试操作流程　/　001**

  1　试验材料的接收与处理　/　003

  2　方案设计　/　004

  3　试验实施　/　005

  4　播种后的田间管理　/　006

  5　性状观测（性状数据采集）　/　007

  6　特异性、一致性及稳定性判定　/　007

  7　测试报告编制　/　009

  8　收获物处理　/　009

  9　资料归档　/　010

  10　问题反馈　/　010

**第二部分　谷子品种 DUS 测试基本性状观测说明　/　011**

  1　谷子生育阶段　/　013

  2　性状的观测说明　/　014

## 第三部分　谷子品种 DUS 测试性状照片拍摄及说明　/ 041

  1　概况　/ 043

  2　摄影器材　/ 044

  3　照片格式与质量　/ 044

  4　照片及拍摄方法　/ 045

  5　一致性照片及拍摄方法　/ 053

  6　特异性照片及拍摄方法　/ 054

## 附　录　/ 057

  附例 1：××× 分中心 ××× 年度谷子 DUS 测试种子接收登记表　/ 059

  附例 2：××× 分中心 ××× 年度谷子 DUS 测试品种田间排列种植单　/ 060

  附例 3：××× 分中心 ××× 年度谷子 DUS 测试品种田间种植图　/ 061

  附例 4：××× 分中心 ××× 年度谷子 DUS 测试品种栽培管理记录表　/ 062

  附例 5：××× 分中心 ××× 年度谷子 DUS 测试品种目测性状记录表　/ 063

  附例 6：××× 分中心 ××× 年度谷子 DUS 测试品种测量性状记录表　/ 064

  附例 7：××× 分中心 ××× 年度谷子 DUS 测试品种一致性情况记录表　/ 065

  附例 8：××× 分中心 ××× 年度谷子 DUS 测试品种照片拍摄记录表　/ 066

  附例 9：植物品种特异性、一致性和稳定性测试报告　/ 067

# 第一部分

## 谷子品种 DUS 测试操作流程

# 1 试验材料的接收与处理

## 1.1 接收 DUS 测试任务

农业农村部植物新品种保护办公室通过植物品种测试数据服务平台（以下简称平台）下达申请保护、中心委托测试品种 DUS 测试任务，由农业农村部植物新品种测试中心（以下简称总中心）将领种清单和种子邮寄至农业农村部植物新品种测试（张家口）分中心（以下简称分中心）；分中心自主接收的委托测试任务，由委托单位（个人）通过平台进行申请，签订纸质技术服务合同（以下简称合同）后，委托单位（个人）将品种清单和种子邮寄至分中心。分中心办公室负责接收繁殖材料，负责人员签收后及时对测试种子进行检查和核对，检查种子袋是否破损、品种信息是否与品种清单及平台上任务相一致、种子数量和质量是否满足测试要求等，核对人员至少为两人。若发现问题，要尽快与总中心相关负责人员或合同上的联系人联系，确定解决方案。待全部测试种子接收核对无误后，分中心相关负责人在领种清单上签名，将清单寄回总中心，并自留备份作为资料档案保存；委托测试则需进行繁殖材料接收登记，同时在平台点击"接收繁材"。

测试种子应符合《植物新品种特异性、一致性和稳定性测试指南　谷子》（NY/T 2425—2013）（以下简称谷子测试指南）的规定：外观健康，活力高，无病虫侵害。具体质量要求为：净度≥98%，发芽率≥85%，含水量≤13%。

## 1.2 测试样品的安全存放

将待测样品进行登记，并制定测试样品接收登记表，表头为"×××分中心×××年度谷子测试种子接收登记表"，表格内容包括：序号、测试编号/品种名称、保藏编号、品种类型、测试周期、数量、来源、任务类型等（附例1）。测试种子核查无误后，将其统一编号，按编号由小到大顺序排放在种子箱内，并存入种子库，由种子库专职管理人员进行出入库登记，无关人员不得接触。

## 2　方案设计

### 2.1　测试方案的制定

测试人员根据谷子生长栽培特点和谷子测试指南要求，制定田间种植方案和测试方案，包括测试品种清单、田间排列种植单、试验设计、田间种植图、栽培管理措施、测试数据记录等。

### 2.2　近似品种筛选

近似品种初筛：第 1 测试周期播种前根据申请人在平台上提交的申请文件及技术问卷填写的品种类型、品种性状信息等内容筛选与之最相近的已知品种作为近似品种。

近似品种筛选：第 1 测试周期测试结束后把全部性状数据、照片校正整理，上传到平台，然后根据作物种类、繁材类型、测试地点、指南分组性状、品种性状等筛选出与待测品种最为近似的已知品种，必要时也可采用分子技术进行辅助筛选。将筛选到的已知品种和第 1 测试周期无法明确鉴定的近似品种均作为第 2 测试周期的近似品种进行田间鉴定种植。

### 2.3　田间排列种植单和田间种植图的编写

表头为"×××分中心×××年度谷子 DUS 测试品种田间排列种植单"。内容为：序号、区号、测试编号、测试周期、品种类型、小区行数、任务来源等（附例 2）。

田间排列种植单确定后，根据试验地的具体情况，绘制"×××分中心×××年度谷子 DUS 测试品种田间种植图"，标明制图人、详细标明试验地数据：包括但不限于标明制图人、试验地的长宽、区间道路位置、区组分布、小区排列、小区行数、保护行等（附例 3）。

### 2.4　试验设计

包括试验地点、记录人、试验地面积、土质、前茬作物、排列方法、区组划分、小区行长、小区行数、株行距、种植方式、每行定植株数、试验重复次数、标准品种种植方式、田间栽培管理等，制定"×××分中心×××年度谷子DUS测试品种栽培管理记录表"（附例4）。申请品种与近似品种相邻种植，标准品种与测试品种要在同一地块播种。测试周期至少为两个独立的生长周期。测试通常在一个地点进行。如果某些性状在该地点不能充分表达，可在其他符合条件的地点进行测试。

①种植方式：条播（或点播）；
②株距：5~7 cm；
③行距：40 cm；
④重复数：2；
⑤种植量：不少于300株/区；
⑥小区行数：不少于4行。

## 3 试验实施

### 3.1 试验地准备

5月上旬选无风天气施底肥磷酸二铵20 kg/亩，肥料中可拌杀虫剂，防治地下害虫，10 cm左右深度旋耕。综合考虑土壤沉淀与稳定、土壤墒情以及天气情况等多种因素，旋耕机作业后待土壤稳定且墒情合适时即可播种（这个过程一般需要1~3 d，具体时间根据当年度实际情况灵活调整）。

### 3.2 分种

播种前按照试验计划递交领种清单领取繁殖材料进行分种。在对应种子袋上标明小区号和品种编号。根据试验设计和小区播种量将相应数量种子装入种子袋，按田间排列种植单顺序排放在种子箱内备用。种量较少时也可用种子编织机按照0.5倍以下株距设定参数将种子编入种子带，确保测试小区株数和株行距符合测试要求。

## 3.3 划地

播种当天或前 1 d，按照试验规划要求株行距划线，然后根据田间种植图进行规划，同时插好小区标牌，写明小区编号。规划完成后，试验地块的田间布置和小区排列顺序应与种植图完全一致。

## 3.4 播种

将事先准备的种子袋或种子带按田间种植图的顺序排放在种子箱内，然后对应每个小区的插地牌摆放种子袋或种子带，认真核对小区号和小区牌，确保一致。播种采用人工条播方式进行，深度 3~5 cm，播后适度镇压保墒，以利出苗。每个试验同一重复应保证在一天内完成播种。

# 4 播种后的田间管理

## 4.1 灌溉

播种后使用微喷带或滴灌浇水，一般情况下谷子浇水一次即可。若田间遇到明显干旱情况，为避免影响植株的生长发育和性状的正常表达，可结合实际情况进行补水灌溉。

## 4.2 定苗拔草

谷子幼苗生长到 3~4 叶时，按照 5 cm 株距进行定苗，同时拔除杂草。

## 4.3 中耕除草

谷子 10 叶展开期，进行中耕除草，以增加土壤透气性和蓄水能力，达到控制杂草的目的。田间道路或土地裸露较多的小区，若试验采用滴灌，可适当增加除草次数，也可根据情况选择覆盖黑色防草布，确保田间整洁。

## 4.4 病虫害防治

谷子生长期间的谷瘟病、锈病、白发病在张家口地区一般不需要专门防治，若测试品种感病严重，可对种子进行药剂包衣并单独特殊记录。

## 5 性状观测（性状数据采集）

依据谷子测试指南的技术要求，参照本操作手册，开展性状观测。事先制定好"×××分中心×××年度谷子DUS测试品种目测性状记录表"（附例5）、"×××分中心×××年度谷子DUS测试品种测量性状记录表"（附例6）、"×××分中心×××年度谷子DUS测试品种一致性情况记录表"（附例7）、"×××分中心×××年度谷子DUS测试品种照片拍摄记录表"（附例8），在谷子测试指南规定的时期内，对品种进行性状观测，做好数据记录和工作记录。对需要拍摄照片的性状进行拍照。

根据测试需要，将性状分为基本性状、选测性状。基本性状是测试中必须观测的性状，分为3类，即质量性状（QL）、假质量性状（PQ）和数量性状（QN），根据情况对相应性状的观测采用以下3种方法：群体目测（VG）、群体测量（MG）和个体测量（MS）。

群体目测：对一批植株或植株的某器官或部位进行目测，获得一个群体记录。

群体测量：对一批植株或植株的某器官或部位进行测量，获得一个群体记录。

个体测量：对一批植株或植株的某器官或部位进行逐个测量，获得一组个体记录。

除非另有说明，个体测量（MS）性状植株（典型株）取样数量至少为20个，在观测植株的器官或部位时，每个植株（典型株）取样数量应为1个。群体观测（VG、MG）性状应观测整个小区或规定大小的混合样本。

必要时，可选用谷子测试指南中的选测性状或未列出的性状进行附加测试。

## 6 特异性、一致性及稳定性判定

对两个测试周期采集的品种性状数据和照片，按照《植物新品种特异性、一致性和稳定性测试指南 总则》（GB/T 19557.1）和谷子测试指南方法要求，进行统计分析，形成适于 DUS 测试判定的处理结果，判定测试品种是否具备特异性、一致性和稳定性。

## 6.1 总体原则

特异性、一致性和稳定性的判定按照 GB/T 19557.1 确定的原则进行。

## 6.2 特异性的判定

申请品种应明显区别于所有已知品种，已知品种是指已受理申请或者已通过品种审定、品种登记、新品种保护或者已经销售、推广的植物品种。在测试中，当申请品种至少在一个性状上与近似品种具有明显且可重现的差异时，即可判定申请品种具备特异性。

## 6.3 一致性的判定

对于常规种和杂交种，一致性判定时，均采用 1% 的群体标准和至少 95% 的接受概率，当观测群体大小为 263～329 株时，最多可允许有 6 株异型株；当观测群体为 545～618 株时（两个重复），最多可允许有 10 株异型株。具体情况见表 1-1。

表 1-1  常规种和杂交种一致性判定时样本大小和允许异型株数

| 样本大小 / 株 | 允许异型株数 / 株 |
| --- | --- |
| 263～329 | 6 |
| 330～399 | 7 |
| 400～471 | 8 |
| 472～544 | 9 |
| 545～618 | 10 |

异型株：考虑到一个品种特定的繁殖特性，当一个植株在其整株或部分的任何一个用于特异性测试的性状表达上能够清楚地区别于该品种，就可认为是异型株。测试材料中与待测品种完全不同或不相关的植株，既不能将其视为异型株，也不能视为该品种，如果这些植株的存在不影响测试所需植株

数量或测试进程，则可忽略；反之数量太多，则不可忽略，可认定其种子纯度不够，建议中断试验并在重新供种后开展测试。

因谷子杂交种制种水平和测试供种要求限制，目前谷子杂交种中多混杂自交苗，大田生产上基本使用除草剂对种子进行处理，DUS 测试对提供的种子要求不能进行任何影响品种性状正常表达的处理。因此，在接收杂交种测试任务时，应向品种保护办公室或委托人询问该品种的异交率以及杂交种中是否混杂自交苗。对非目标植株即自交苗不作为异型株观测，田间定苗时统一除掉。

### 6.4 稳定性的判定

如果一个品种具备一致性，则可认为该品种具备稳定性。一般不对稳定性进行测试。必要时，对不育系和常规种可以种植该品种繁殖的种子，与以前提供的繁殖材料相比，若性状表达无明显变化，则可判定该品种具备稳定性。

杂交种的稳定性判定，除直接对杂交种本身进行测试外，还可以通过对其亲本系的一致性或稳定性鉴定的方法进行判定。

## 7 测试报告编制

根据测试数据分析结果，结合测试过程中有关品种性状表达的详细记录，对测试品种的特异性、一致性和稳定性进行判定和评价，编制《植物品种特异性、一致性和稳定性测试报告》（附例 9），相关负责人员审批盖章后，在平台提交上报至总中心，出具纸质报告邮寄至总中心或委托人。

DUS 测试报告是授予植物新品种权的重要依据，也是品种审定、品种登记的重要依据。

## 8 收获物处理

测试品种成熟后，要对小区所有主茎成熟谷穗进行收获。若谷穗性状有一致性问题的，对两个重复的小区株数进行统计记录。待穗部性状测试结束后，对不育系或常规种选择 5～10 个典型的谷穗进行封袋保存，以备下一测试周期对谷穗性状进行比对，验证两年种植试验过程中是否发生错误等其他问题。若无保存条件，在考种测试时必须对小区谷穗进行拍照，留存照片。剩余的收获谷穗，应全部进行脱粒混杂处理。

## 9　资料归档

测试工作要实事求是，确保客观公正、准确无误。测试过程中产生的一切数据、文字、照片等纸质或电子资料，都应及时整理归档，包括种子接收登记单、试验方案、田间排列种植单、田间种植图、栽培管理记录表、测试品种目测性状记录表、测试品种测量性状记录表、测试报告、测试工作总结、照片资料及其他相关资料等。

## 10　问题反馈

若测试过程中出现问题，应及时向主管部门反馈，征求总中心意见或联系申请人。例如，当发生测试繁材发放错误或数量不够、播种后出苗率低、自然灾害、试验材料或测试数据丢失、需增加测试周期、测试中试验地发生重大变迁等情况，要及时汇报，尽早采取补救措施。另外，出现测试品种一致性问题，要及时联系总中心或委托人，向申请单位告知，必要时联系申请人进行现场确认。

# 第二部分

## 谷子品种 DUS 测试基本性状观测说明

# 1 谷子生育阶段

谷子生育阶段描述见表 2-1。

表 2-1  谷子生育阶段表

| 序号 | 描述 |
| --- | --- |
| 00 | 干种子 |
| 11 | 猫耳叶展开 |
| 15 | 第 5 叶展开 |
| 18 | 第 8 叶展开 |
| 21 | 主苗和 1 个分蘖 |
| 31 | 第 1 伸长节出现，拔节期 |
| 41 | 穗包膨大 |
| 45 | 50% 单株抽穗 |
| 47 | 全田穗完全抽出叶鞘 |
| 61 | 开花开始 |
| 65 | 1/2 穗开花 |
| 71 | 颖果内呈乳浆状 |
| 75 | 中期灌浆 |
| 79 | 晚期灌浆 |
| 81 | 早期蜡熟 |
| 85 | 软蜡熟 |
| 89 | 硬蜡熟 |
| 91 | 颖果变硬 |
| 92 | 颖果变坚 |
| 99 | 种子休眠 |

## 2 性状的观测说明

### 性状 1　幼苗：猫耳叶顶端形状

①观测时期：幼苗期，第 1 叶（猫耳叶）展开（11）。

②观测部位：幼苗第 1 叶片的顶端。

③观测方法：群体目测（VG），对照标准品种和参考照片，给予相应代码（表 2-2）。如小区内性状表达不一致，应计算一致性。

④观测量：整个小区。

表 2-2　幼苗：猫耳叶顶端形状分级

| 表达状态 | 尖 | 尖到圆 | 圆 |
| --- | --- | --- | --- |
| 代码 | 1 | 2 | 3 |
| 标准品种 | 粱谷 | 日本赤须 | 坝矮 2 号 |
| 参考照片 | 代码 1：尖 | 代码 2：尖到圆 | 代码 3：圆 |

### 性状 2　幼苗：叶片颜色

①观测时期：幼苗期，第 5 叶展开（15）。

②观测部位：幼苗叶片。

③观测方法：群体目测（VG），对照标准品种和参考照片，给予相应代码（表 2-3）。如小区内性状表达不一致，应计算一致性。

④观测量：整个小区。

表 2-3 幼苗：叶片颜色分级

| 表达状态 | 黄绿色 | 绿色 | 浅紫色 | 深紫色 |
| --- | --- | --- | --- | --- |
| 代码 | 1 | 2 | 3 | 4 |
| 标准品种 | 金苗谷 | 日本赤须 | 野谷 5 号 | 红苗青 |
| 参考照片 | 代码 1：黄绿色 | 代码 2：绿色 | 代码 3：浅紫色 | 代码 4：深紫色 |

## 性状 3　幼苗：苗期叶鞘颜色

①观测时期：幼苗期，第 5 叶展开（15）。

②观测部位：幼苗叶鞘。

③观测方法：群体目测（VG），对照标准品种和参考照片，给予相应代码（表 2-4）。如小区内性状表达不一致，应计算一致性。

④观测量：整个小区。

表 2-4　幼苗：苗期叶鞘颜色分级

| 表达状态 | 绿色 | 浅紫色 | 中等紫色 |
|---|---|---|---|
| 代码 | 1 | 2 | 3 |
| 标准品种 | 金苗谷 | 日本赤须 | 红苗青 |
| 参考照片 | 代码 1：绿色 | 代码 2：浅紫色 | 代码 3：中等紫色 |

## 性状 4　幼苗：叶姿

①观测时期：幼苗期，第 8 叶展开（18）。

②观测部位：幼苗期第 4~5 片叶。

③观测方法：群体目测（VG），对照标准品种和参考照片，给予相应代码（表 2-5）。如小区内性状表达不一致，应计算一致性。

④观测量：整个小区。

表 2-5　幼苗：叶姿分级

| 表达状态 | 上冲 | 半上冲 | 平展 | 下披 |
|---|---|---|---|---|
| 代码 | 1 | 2 | 3 | 4 |
| 标准品种 | 矮 88 | 梁谷 | 安矮 3 号 | |
| 参考照片 | 代码 1：上冲 | 代码 2：半上冲 | 代码 3：平展 | |

## 性状 5　幼苗：叶枕花青苷显色

①观测时期：幼苗期，第 8 叶展开（18）。

②观测部位：幼苗叶枕。

③观测方法：群体目测（VG），对照标准品种和参考照片，给予相应代码（表 2-6）。如小区内性状表达不一致，应计算一致性。

④观测量：整个小区。

表 2-6　幼苗：叶枕花青苷显色分级

| 表达状态 | 无或弱 | 中 | 强 |
|---|---|---|---|
| 代码 | 1 | 2 | 3 |
| 标准品种 | 金苗谷 | 梁谷 | 红苗青 |
| 参考照片 | 代码 1：无或弱 | 代码 2：中 | 代码 3：强 |

## 性状 6　叶片：抽穗期

①观测时期：小区 50% 单株主茎抽穗（45）。

②观测部位：植株主茎顶部谷穗。

③观测方法：群体测量（MG），计算小区出苗第 2 d 起到小区 50% 植株主茎穗抽出当天的天数。对照标准品种和分级标准（分级标准应根据标准品种每年进行校准），给予相应代码（表 2-7）。如小区内性状表达不一致，应计算一致性。

④观测量：整个小区。

表2-7 叶片：抽穗期分级

| 表达状态 | 极早 | 早 | 中 | 晚 | 极晚 |
|---|---|---|---|---|---|
| 代码 | 1 | 3 | 5 | 7 | 9 |
| 标准品种 | 楼里莠 | 梁谷 | 冀张谷1号 | 坝矮2号 | 阴天旱 |
| 分级标准/d | <42 | 49～55 | 63～69 | 77～83 | ≥90 |
| 参考照片 |  小区50%单株抽穗 | | | | |

## 性状7 植株：叶姿

①观测时期：全小区植株穗完全抽出叶鞘（47）。

②观测部位：中上部成熟叶片。

③观测方法：群体目测（VG），对照标准品种和参考照片，给予相应代码（表2-8）。如小区内性状表达不一致，应计算一致性。

④观测量：整个小区。

表 2-8 植株：叶姿分级

| 表达状态 | 上冲 | 半上冲 | 平展 | 下披 |
|---|---|---|---|---|
| 代码 | 1 | 2 | 3 | 4 |
| 标准品种 | 安矮 3 号 | 粱谷 | 日本赤须 | 冀张谷 1 号 |
| 参考照片 | 代码 1：上冲 | 代码 2：半上冲 | 代码 3：平展 | 代码 4：下披 |

## 性状 8 穗：刚毛长度

①观测时期：全小区 1/2 穗开花（65）。

②观测部位：穗中部刚毛。

③观测方法：群体目测（VG），对照标准品种和参考照片，给予相应代码（表 2-9）。如小区内性状表达不一致，应计算一致性。

④观测量：整个小区。

表 2-9 穗：刚毛长度分级

| 表达状态 | 短 | 中 | 长 |
|---|---|---|---|
| 代码 | 3 | 5 | 7 |
| 标准品种 | 坝矮 2 号 | 冀张谷 1 号 | 龙谷 29 |
| 参考照片 | 代码 3：短 | 代码 5：中 | 代码 7：长 |

## 性状 9　穗：刚毛颜色

①观测时期：全小区 1/2 穗开花（65）。

②观测部位：穗中部刚毛。

③观测方法：群体目测（VG），对照标准品种和参考照片，给予相应代码（表 2-10）。如小区内性状表达不一致，应计算一致性。

④观测量：整个小区。

表 2-10 穗：刚毛颜色分级

| 表达状态 | 绿色 | 黄色 | 紫色 |
|---|---|---|---|
| 代码 | 1 | 2 | 3 |
| 标准品种 | 镇原谷子 | 龙谷 26 | 白沙谷 |
| 参考照片 | 代码 1：绿色 | 代码 2：黄色 | 代码 3：紫色 |

## 性状 10　颖花：花药颜色

①观测时期：开花期清晨观察小花开裂时新鲜花药的颜色（65）。

②观测部位：穗中部小花花药。

③观测方法：群体目测（VG），对照标准品种和参考照片，给予相应代码（表 2-11）。如小区内性状表达不一致，应计算一致性。

④观测量：整个小区。

表 2-11　颖花：花药颜色分级

| 表达状态 | 白色 | 黄色 | 褐色 |
|---|---|---|---|
| 代码 | 1 | 2 | 3 |
| 标准品种 | 冀张谷 1 号 | 坝矮 2 号 | 野谷 5 号 |
| 参考照片 | 代码 1：白色 | 代码 2：黄色 | 代码 3：褐色 |

## 性状 11　叶片：倒二叶长度

①观测时期：颖果内呈乳浆状（71）。

②观测部位：主茎倒二叶。

③观测方法：个体测量 / 群体测量（MS/MG），测量主茎倒二叶从叶枕到叶尖的长度，对照标准品种和分级标准（分级标准应根据标准品种每年进行校准），给予相应代码（表 2-12）。如小区内性状表达不一致，应计算一致性。

④观测量：整个小区至少 20 株。

表 2-12 叶片：倒二叶长度分级

| 表达状态 | 短 | 中 | 长 |
|---|---|---|---|
| 代码 | 1 | 3 | 5 |
| 标准品种 | 耧里莠 | 粱谷 | 阴天旱 |
| 分级标准 /cm | <25 | 40～45 | ≥50 |
| 参考照片 |  | | |

## 性状 12　叶片：倒二叶宽度

①观测时期：颖果内呈乳浆状（71）。

②观测部位：主茎倒二叶。

③观测方法：个体测量/群体测量（MS/MG），测量主茎倒二叶最宽处的宽度，对照标准品种和分级标准（分级标准应根据标准品种每年进行校准），给予相应代码（表 2-13）。如小区内性状表达不一致，应计算一致性。

④观测量：整个小区至少 20 株。

表2-13 叶片：倒二叶宽度分级

| 表达状态 | 窄 | 中 | 宽 |
|---|---|---|---|
| 代码 | 1 | 3 | 5 |
| 标准品种 | 耧里莠 | 佛手水 | 镇原谷子 |
| 分级标准/cm | ＜2.20 | 2.70～3.20 | ≥3.70 |
| 参考照片 |  | | |

## 性状13 穗：护颖颜色

①观测时期：颖果内呈乳浆状（71）。

②观测部位：穗中部颖果护颖。

③观测方法：群体目测（VG），对照标准品种和参考照片，给予相应代码（表2-14）。如小区内性状表达不一致，应计算一致性。

④观测量：整个小区。

表 2-14 穗：护颖颜色分级

| 表达状态 | 黄绿色 | 绿色 | 红色 | 浅紫色 | 中等紫色 |
|---|---|---|---|---|---|
| 代码 | 1 | 2 | 3 | 4 | 5 |
| 标准品种 | 延安大粒 | 豫谷8号 | 红十里香 | 金苗谷 | 安矮3号 |
| 参考照片 | 代码1：黄绿色 | 代码2：绿色 | 代码3：红色 | 代码4：浅紫色 | 代码5：中等紫色 |

## 性状 14　茎秆：长度

①观测时期：颖果内呈乳浆状（71）。

②观测部位：植株主茎。

③观测方法：个体测量（MS），测量植株主茎从茎基部到穗基部第1码着生点的长度，对照标准品种和分级标准（分级标准应根据标准品种每年进行校准），给予相应代码（表2-15）。如小区内性状表达不一致，应计算一致性。

④观测量：整个小区至少20株。

表 2-15 茎秆：长度分级

| 表达状态 | 极短 | 短 | 中 | 长 | 极长 |
|---|---|---|---|---|---|
| 代码 | 1 | 3 | 5 | 7 | 9 |
| 标准品种 | 耧里莠 | 日本赤须 | 冀张谷 1 号 | 延安大粒 | 阴天旱 |
| 分级标准 /cm | <80 | 96～112 | 128～144 | 160～176 | ≥192 |
| 参考照片 |  | | | | |

## 性状 15  茎秆：粗度

①观测时期：颖果内呈乳浆状（71）。

②观测部位：植株主茎。

③观测方法：个体测量（MS），测量主茎茎秆基部第 3 生长节节间中部的直径，对照标准品种和分级标准（分级标准应根据标准品种每年进行校准），给予相应代码（表 2-16）。如小区内性状表达不一致，应计算一致性。

④观测量：整个小区至少 20 株。

表 2-16 茎秆：粗度分级

| 表达状态 | 细 | 中 | 粗 |
|---|---|---|---|
| 代码 | 3 | 5 | 7 |
| 标准品种 | 耧里莠 | 阴天旱 | 矮 88 |
| 分级标准 / mm | 2.0～3.5 | 5.0～6.5 | 8.0～10.0 |
| 参考照片 |  | | |

## 性状 16　植株：颜色

①观测时期：软蜡熟（85）。

②观测部位：植株叶片和叶鞘的颜色。

③观测方法：群体目测（VG），对照标准品种和参考照片，给予相应代码（表 2-17）。如小区内性状表达不一致，应计算一致性。

④观测量：整个小区。

表2-17 植株：颜色分级

| 表达状态 | 黄色 | 绿色 | 浅紫色 | 中等紫色 |
|---|---|---|---|---|
| 代码 | 1 | 2 | 3 | 4 |
| 标准品种 | 蜡烛台 | 冀张谷1号 | 野谷5号 | 野谷子15743 |

参考照片

代码1：黄色

代码2：绿色

代码3：浅紫色

代码4：中等紫色

## 性状 17　植株：伸长节节间数

①观测时期：颖果变硬至颖果变坚（91～92）。

②观测部位：植株主茎。

③观测方法：群体测量（MG），计数主茎基部第 1 生长节至穗茎节节间数。对照标准品种和分级标准（分级标准应根据标准品种每年进行校准），给予相应代码（表 2-18）。如小区内性状表达不一致，应计算一致性。

④观测量：整个小区。

表 2-18　植株：伸长节节间数分级

| 表达状态 | 少 | 中 | 多 |
|---|---|---|---|
| 代码 | 1 | 3 | 5 |
| 标准品种 | 楼里莠 | 日本赤须 | 阴天旱 |
| 分级标准/个 | <9.5 | 11～12.5 | ≥14 |
| 参考照片 |  | | |

## 性状 18　植株：成穗茎数

①观测时期：颖果变硬至颖果变坚（91～92）。

②观测部位：单株成穗茎。

③观测方法：个体测量（MS），计数主茎在内的单株成穗茎数，对照标准品种和分级标准（分级标准应根据标准品种每年进行校准），给予相应代码（表 2-19）。如小区内性状表达不一致，应计算一致性。

④观测量：整个小区至少 20 株。

表 2-19　植株：成穗茎数分级

| 表达状态 | 单秆或少 | 中 | 多 |
|---|---|---|---|
| 代码 | 1 | 3 | 5 |
| 标准品种 | 豫谷 8 号 | 楼里莠 | 罗马尼亚 5 号 |
| 分级标准/个 | <2 | 3～4 | ≥5 |
| 参考照片 | <br>代码 1：单秆或少 | <br>代码 3：中 | <br>代码 5：多 |

## 性状 19　穗颈：姿态

①观测时期：颖果变硬至颖果变坚（91～92）。

②观测部位：主茎穗下茎节。

③观测方法：群体目测（VG），观察主茎穗下茎节的弯曲程度和姿态，对照标准品种和参考照片，给予相应代码（表 2-20）。如小区内性状表达不一致，应计算一致性。

④观测量：整个小区。

表 2-20 穗颈：姿态分级

| 表达状态 | 直 | 中弯 | 强弯 | 勾形 |
|---|---|---|---|---|
| 代码 | 1 | 2 | 3 | 4 |
| 标准品种 | 蜡烛台 | 矮坝 2 号 | 冀张谷 1 号 | |
| 参考照片 | 代码 1：直 | 代码 2：中弯 | 代码 3：强弯 | 代码 4：勾形 |

## 性状 20 穗颈：长度

①观测时期：颖果变硬至颖果变坚（91～92）。

②观测部位：主茎穗下茎节。

③观测方法：个体测量（MS），测量主茎穗基部到穗茎节之间的长度。对照标准品种和分级标准（分级标准应根据标准品种每年进行校准），给予相应代码（表 2-21）。如小区内性状表达不一致，应计算一致性。

④观测量：整个小区至少 20 株。

表 2-21 穗颈：长度分级

| 表达状态 | 短 | 中 | 长 |
|---|---|---|---|
| 代码 | 3 | 5 | 7 |
| 标准品种 | 日本赤须 | 坝谷 245 | 安矮 3 号 |
| 分级标准/cm | 18.8～22.2 | 25.6～29.0 | 32.4～35.8 |
| 参考照片 | 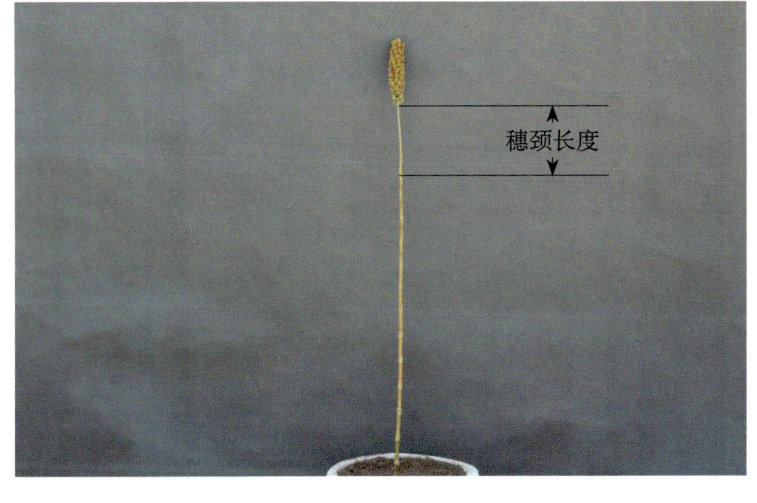 | | |

## 性状 21　穗：形状

①观测时期：颖果变硬至颖果变坚（91～92）。

②观测部位：主茎穗。

③观测方法：群体目测（VG），观测主茎穗的形状，对照标准品种和参考图片，给予相应代码（表 2-22）。如小区内性状表达不一致，应计算一致性。

④观测量：整个小区。

表 2-22　穗：形状分级

| 表达状态 | 圆锥 | 纺锤 | 圆筒 | 棍棒 | 鸭嘴 | 猫爪 | 佛手 |
|---|---|---|---|---|---|---|---|
| 代码 | 1 | 2 | 3 | 4 | 5 | 6 | 7 |
| 标准品种 | 尖穗谷 | 粱谷 | 矮88 | 冀张谷1号 | W59 | 猫蹄谷 | 佛手水 |
| 参考图片 |         圆锥 | 纺锤 | 圆筒 | 棍棒 | 鸭嘴 | 猫爪 | 佛手 |

代码1：圆锥　　代码2：纺锤　　代码3：圆筒　　代码4：棍棒

代码5：鸭嘴　　代码6：猫爪　　代码7：佛手

## 性状 22　穗：长度

①观测时期：颖果变坚（92）。
②观测部位：主茎穗。
③观测方法：个体测量（MS），测量主茎穗基部第 1 码到穗尖之间的长度。对照标准品种和分级标准（分级标准应根据标准品种每年进行校准），给予相应代码（表 2-23）。如小区内性状表达不一致，应计算一致性。
④观测量：整个小区至少 20 株。

表 2-23　穗：长度分级

| 表达状态 | 极短 | 短 | 中 | 长 | 极长 |
| --- | --- | --- | --- | --- | --- |
| 代码 | 1 | 3 | 5 | 7 | 9 |
| 标准品种 | 耧里荞 | 豫谷 8 号 | 坝谷 245 | 冀张谷 1 号 | 镇原谷子 |
| 分级标准/cm | <7.0 | 15.0～19.0 | 23.0～27.0 | 31.0～35.0 | ≥39.0 |
| 参考照片 | 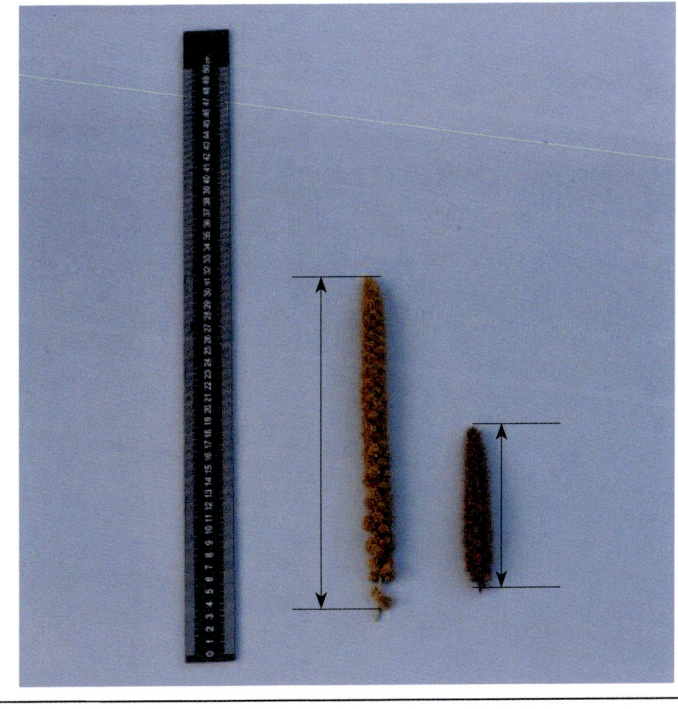 | | | | |

## 性状 23　穗：粗度

①观测时期：颖果变坚（92）。

②观测部位：主茎穗。

③观测方法：个体测量/群体测量（MS/MG），测量主茎穗中部的直径，也可选取多个主茎穗一起测量，计算平均值。对照标准品种和分级标准（分级标准应根据标准品种每年进行校准），给予相应代码（表 2-24）。如小区内性状表达不一致，则必须单个测量并计算一致性。

④观测量：整个小区至少 20 株。

表 2-24　穗：粗度分级

| 表达状态 | 细 | 中 | 粗 |
|---|---|---|---|
| 代码 | 3 | 5 | 7 |
| 标准品种 | 耧里莠 | 坝谷 245 | 冀张谷 1 号 |
| 分级标准/mm | 15.0～18.0 | 21.0～24.0 | 27.0～30.0 |

参考照片

## 性状 24　穗：穗码密度

①观测时期：颖果变坚（92）。

②观测部位：主茎穗。

③观测方法：群体目测（VG），观测主茎穗谷码的着生密度，对照标准品种和参考照片，给予相应代码（表 2-25）。如小区内性状表达不一致，应计算一致性。

④观测量：整个小区。

表 2-25　穗：穗码密度分级

| 表达状态 | 疏 | 疏到中 | 中 | 中到密 | 密 |
|---|---|---|---|---|---|
| 代码 | 1 | 2 | 3 | 4 | 5 |
| 标准品种 | 佛手水 |  | 冀张谷 1 号 |  | 蜡烛台 |
| 参考照片 | 代码 1：疏 |  | 代码 3：中 |  | 代码 5：密 |

## 性状 25　穗：单码籽粒数

①观测时期：颖果变坚（92）。

②观测部位：主茎穗中部谷码。

③观测方法：群体测量（MG），除穗型为佛手的品种外，计数单位谷码着生的籽粒数，一次计数多个谷码籽粒数量，计算平均值。对照标准品种和分级标准（分级标准应根据标准品种每年进行校准），给予相应代码（表 2-26）。如小区内性状表达不一致，则必须单个计数并计算一致性。

④观测量：整个小区至少 20 株。

表 2-26　穗：单码籽粒数分级

| 表达状态 | 极少 | 少 | 中 | 多 | 极多 |
| --- | --- | --- | --- | --- | --- |
| 代码 | 1 | 3 | 5 | 7 | 9 |
| 标准品种 | 楼里莠 | 日本赤须 | 梁谷 | W77 | 冀谷5号 |
| 分级标准/个 | <20.0 | 30.0～40.0 | 50.0～60.0 | 70.0～80.0 | ≥90.0 |

## 性状 26　穗：单穗重

①观测时期：颖果变坚（92）。

②观测部位：主茎穗。

③观测方法：个体测量（MS），称量单个主茎穗的重量，也可一次称量多个穗重量，计算平均值。对照标准品种和分级标准（分级标准应根据标准品种每年进行校准），给予相应代码（表2-27）。如小区内性状表达不一致，则必须单穗称量并计算一致性。

④观测量：整个小区至少20株。

表 2-27　穗：单穗重分级

| 表达状态 | 极低 | 低 | 中 | 高 | 极高 |
| --- | --- | --- | --- | --- | --- |
| 代码 | 1 | 3 | 5 | 7 | 9 |
| 标准品种 | 楼里莠 | 日本赤须 | 延安大粒 | 冀张谷1号 |  |
| 分级标准/g | <8.5 | 10.7～12.9 | 15.1～17.3 | 19.5～21.7 | ≥23.9 |

## 性状 27　穗：出谷率

①观测时期：颖果变坚（92）。

②观测部位：主茎穗。

③观测方法：个体测量（MS），出谷率＝主茎单穗所收获籽粒的质量/单穗质量×100%，也可一次测量多个穗，计算平均值。对照标准品种和分级标准（分级标准应根据标准品种每年进行校准），给予相应代码（表2-28）。

如小区内性状表达不一致，则必须单穗测量并计算一致性。

④观测量：至少 20 株。

表 2-28 穗：出谷率分级

| 表达状态 | 低 | 中 | 高 |
| --- | --- | --- | --- |
| 代码 | 1 | 2 | 3 |
| 标准品种 | 日本赤须 | 镇原谷子 | 冀张谷 1 号 |
| 分级标准 /% | <60 | 60~70 | ≥70 |

## 性状 28　籽粒：千粒重

①观测时期：颖果变坚（92）。

②观测部位：籽粒。

③观测方法：群体测量（MG），取成熟谷穗收获后脱粒，多点取样，用数粒仪数 1 000 粒种子，两次重复，用天平称重，取其平均数。两个重复的差数与平均数之比不应超过 5%，若超过应再分析第 3 份重复。对照标准品种和分级标准，给予相应代码（表 2-29）。

④观测量：整个小区。

表 2-29 籽粒：千粒重分级

| 表达状态 | 低 | 中 | 高 |
| --- | --- | --- | --- |
| 代码 | 1 | 2 | 3 |
| 标准品种 | 红粉谷 | 野谷 5 号 | 坝谷 261 |
| 分级标准 /g | <2.7 | 2.7~3.1 | ≥3.1 |

## 性状 29　籽粒：形状

①观测时期：颖果变坚（92）。

②观测部位：籽粒。

③观测方法：群体目测（VG），取成熟谷穗收获后脱粒，多点取样，观测籽粒形状，对照标准品种和参考照片，给予相应代码（表 2-30）。如小区内

性状表达不一致，应计算一致性。

④观测量：整个小区。

表 2-30 籽粒：形状分级

| 表达状态 | 卵形 | 纺锤形 | 圆球形 |
|---|---|---|---|
| 代码 | 1 | 2 | 3 |
| 标准品种 | 红苗青 | 野谷 5 号 | 梁谷 |
| 参考照片 | 代码 1：卵形 | 代码 2：纺锤形 | 代码 3：圆球形 |

## 性状 30　籽粒：颜色

①观测时期：颖果变坚（92）。

②观测部位：籽粒。

③观测方法：群体目测（VG），取成熟谷穗收获后脱粒，多点取样，观测籽粒颜色，对照标准品种和参考照片，给予相应代码（表 2-31）。如小区内性状表达不一致，应计算一致性。

④观测量：整个小区。

表2-31 籽粒：颜色分级

| 表达状态 | 白色 | 黄色 | 红色 | 褐色 | 灰色 | 黑色 |
|---|---|---|---|---|---|---|
| 代码 | 1 | 2 | 3 | 4 | 5 | 6 |
| 标准品种 | 安矮3号 | 金苗谷 | 红苗青 | 豫谷8号 | | 黑粘谷 |
| 参考照片 | 代码1：白色 | 代码2：黄色 | 代码3：红色 | 代码4：褐色 | 代码5：灰色 | 代码6：黑色 |

## 性状31 颖果：颜色

①观测时期：颖果变坚（92）。

②观测部位：颖果。

③观测方法：群体目测（VG），籽粒去掉果皮后观察糙米的颜色，对照标准品种和参考照片，给予相应代码（表2-32）。如小区内性状表达不一致，应计算一致性。

④观测量：整个小区。

表 2-32 颖果：颜色分级

| 表达状态 | 白色 | 灰绿色 | 浅黄色 | 中等黄色 |
|---|---|---|---|---|
| 代码 | 1 | 2 | 3 | 4 |
| 标准品种 | 白沙谷 | 红苗青 | 梁谷 | 豫谷 8 号 |
| 参考照片 | | 代码 2：灰绿色 | 代码 3：浅黄色 | 代码 4：中等黄色 |

## 性状 32　籽粒：胚乳类型

①观测时期：颖果变坚（92）。

②观测部位：籽粒。

③观测方法：群体目测（VG），将籽粒横向切开，在 3% 碘化钾和 1% 碘的混合液（I-KI）中浸泡 5 min；也可将籽粒磨碎，滴 1~3 滴上述混合液，1~2 min 后，观测胚乳颜色。糯性品种呈红紫色，非糯性品种呈紫黑色。对照参考照片，给予相应代码（表 2-33）。如小区内性状表达不一致，应计算一致性。

④观测量：整个小区。

表 2-33　籽粒：胚乳类型分级

| 表达状态 | 糯 | 粳 |
|---|---|---|
| 代码 | 1 | 2 |
| 参考照片 | 代码 1：糯 | 代码 2：粳 |

# 第三部分

## 谷子品种 DUS 测试性状照片拍摄及说明

# 1 概况

## 1.1 基本要求

谷子品种 DUS 测试性状照片，应能准确清楚地反映谷子申请品种的 DUS 测试性状，构图明确，成像清晰，对照片中的拍摄主体不得使用任何软件进行修饰；拍摄尽量采用简单、有效的方式进行。

## 1.2 照片拍摄依据

选择拍摄的性状部位和时期，应以谷子测试指南的要求为准。

## 1.3 照片比例

拍摄的照片，应根据需要将照片尺寸按照 5∶3.5 的比例裁剪。

## 1.4 照片类型

一个谷子申请品种，在完成 DUS 测试工作后，应能提供 3~5 张性状描述性照片；对一致性和稳定性不合格的性状，也应提供相应描述性照片。若申请品种无特异性，则应提供 2 张以上证明申请品种与近似品种无特异性的主要性状照片。

## 1.5 照片要求

为完善谷子已知品种数据库，在开展谷子性状测试期间，每一个测试品种应至少拍摄 4 张形态特征照片，包括：①幼苗照片，于第 6 叶展开时拍摄幼苗照片；②植株照片，于植株蜡熟期拍摄单株照片；③穗照片，于完熟期拍摄植株主茎穗照片；④籽粒照片，于完熟期拍摄主茎穗籽粒照片。若有必要，根据需要添加其他性状相应照片。

拍摄特异性性状照片，应选择申请品种与近似品种最为直观、差异明显且有代表性的性状，以谷子测试指南中质量性状和必测性状为主，其次为数量性状和补充性状。特异性性状照片应尽可能将申请品种与近似品种并列拍摄于同一张照片内，一张照片可以同时反映多个测试性状，照片内所显示的品种性状信息应与田间实际表现和完成的测试结果报告相符合。拍摄同一性状的照片，应选择相同的背景、场地及时期。

拍摄一致性照片，应尽可能将典型株与异型株并列拍摄于同一张照片内，照片可以明显显示出性状一致性情况，照片内所显示的品种性状信息应与田间实际表现和完成的测试结果报告相符合。拍摄同一性状的照片，应选择相同的背景、场地及时期。

## 2　摄影器材

### 2.1　数码相机及镜头

尼康或佳能普通数码相机、数码单反相机、标准变焦镜头、微距镜头等。

### 2.2　配件及辅助工具

滤光镜、偏振镜、遮光罩、快门线、三角架、拍摄台、柔光箱、测光板、背景支架、背景布（纸）、刻度尺、存储卡、电池等。

## 3　照片格式与质量

### 3.1　照片拍摄主体

照片一般包括拍摄主体（性状部位）和背景两部分，背景颜色以中性灰为主；也可设置相机参数采用背景虚化处理，必须客观显示被拍摄物实际情况。被拍摄物与镜头垂直拍摄或根据实际需要呈一定角度拍摄。拍摄性状的取样部位按照附图所示。

### 3.2　照片布局

描述照片申请品种置于照片中间；特异性照片申请品种置于照片左侧、近似品种置于右侧或申请品种置于照片上部、近似品种置于下部；一致性照片典型株置于照片左侧、异型株置于右侧或典型株置于照片上部、异型株置于下部；采用最广泛的三分法，即把画面按水平和竖直方向分别分为 3 等份，被拍摄主体安排在黄金点上。

## 3.3 拍摄光线

拍摄时尽量选择在柔和的自然光下进行，光线与色彩应能保证测试性状的正常表达。

# 4 照片及拍摄方法

## 幼苗：猫耳叶顶端形状

①拍摄时期：幼苗期，幼苗第 8 叶展开。

②拍摄地点与时间：遮光处，避免阳光直射，上午 8 点至 10 点，下午 3 点至 5 点。

③拍摄前准备：选取小区内生长正常的典型株谷子幼苗，清理周边杂物，相机与幼苗保持 30°～45° 在田间进行拍摄。

④拍摄背景：田间土壤为背景。

⑤拍摄技术要求：

a. 分辨率：1 024 px × 768 px 以上；

b. 光线：充足柔和的自然光；

c. 拍摄角度：30°～45°；

d. 拍摄模式：程序自动模式（P 模式）；

e. 白平衡：自定义；

f. 物距：50 cm 左右；

g. 相机固定方式：手持。

幼苗猫耳叶顶端形状照片

## 幼苗：叶姿

①拍摄时期：幼苗期，幼苗第 8 叶展开。

②拍摄地点与时间：遮光处，避免阳光直射，上午 8 点至 10 点，下午 3 点至 5 点。

③拍摄前准备：选取小区内生长正常的典型株谷子幼苗，清理周边杂物，相机与地面平行，在田间进行拍摄。

④拍摄背景：田间土壤为背景。

⑤拍摄技术要求：

a. 分辨率：1 024 px × 768 px 以上；

b. 光线：充足柔和的自然光；

c. 拍摄角度：<15°；

d. 拍摄模式：程序自动模式（P 模式）；

e. 白平衡：自定义；

f. 物距：50 cm 左右；

g. 相机固定方式：手持。

幼苗叶姿照片

# 植株：叶姿

①拍摄时期：植株穗完全抽出叶鞘。

②拍摄地点与时间：遮光处，避免阳光直射，上午 8 点至 10 点，下午 3 点至 5 点。

③拍摄前准备：选取小区内生长正常的典型株谷子植株，带土移植到花盆内，取相同规格花盆，垂直插入直尺，与植株保持平行，在背景纸前拍摄。

④拍摄背景：中性灰色背景。

⑤拍摄技术要求：

a. 分辨率：1 024 px × 768 px 以上；

b. 光线：充足柔和的自然光；

c. 拍摄角度：正位拍摄；

d. 拍摄模式：程序自动模式（P 模式）；

e. 白平衡：自定义；

f. 物距：200 cm 左右；

g. 相机固定方式：三角架。

**植株叶姿照片**

## 穗：刚毛颜色

①拍摄时期：1/2 穗开花。

②拍摄地点与时间：遮光处，避免阳光直射，上午 8 点至 10 点，下午 3 点至 5 点。

③拍摄前准备：选取小区内生长正常的典型株谷子主茎穗，遮阳伞或遮光板遮阴，使用微距镜头进行拍摄。

④拍摄背景：田间自然背景。

⑤拍摄技术要求：

a. 分辨率：1 280 px×1 024 px 以上；

b. 光线：充足柔和的自然光；

c. 拍摄角度：正面垂直拍摄；

d. 拍摄模式：程序自动模式（P 模式）；

e. 白平衡：自定义；

f. 物距：30 cm 左右；

g. 相机固定方式：手持。

穗刚毛颜色照片

## 颖花：花药颜色

①拍摄时期：1/2 穗开花。

②拍摄地点与时间：田间小区光线充足的地方，早上 5 点至 6 点。

③拍摄前准备：选取小区内生长正常的典型株谷子主茎穗，使用微距镜头进行拍摄。

④拍摄背景：田间自然背景。

⑤拍摄技术要求：

a. 分辨率：1 024 px × 768 px 以上；

b. 光线：充足柔和的自然光；

c. 拍摄角度：垂直拍摄；

d. 拍摄模式：程序自动模式（P 模式）；

e. 白平衡：自定义；

f. 物距：30 cm；

g. 相机固定方式：手持。

颖花花药颜色照片

穗：形状

①拍摄时期：颖果变硬至颖果变坚。

②拍摄地点与时间：室内柔光箱中，上午8点至12点，下午3点至5点。

③拍摄前准备：选取种植小区内生长正常的典型株谷子植株，采集完整穗，平放于背景纸上，左侧摆放刻度尺，进行拍摄。

④拍摄背景：中性灰色背景。

⑤拍摄技术要求：

a. 分辨率：1 024 px × 768 px 以上；

b. 光线：充足柔和的自然光；

c. 拍摄角度：正面垂直拍摄；

d. 拍摄模式：程序自动模式（P模式）；

e. 白平衡：自定义；

f. 物距 50 cm 左右；

g. 相机固定方式：三角架。

穗形状照片

## 籽粒：形状

①拍摄时期：成熟期。

②拍摄地点与时间：室内柔光箱中，上午8点至12点，下午3点至5点。

③拍摄前准备：选取种植小区内生长正常的典型株谷子植株，采集完整穗，脱粒平铺，进行拍摄。

④拍摄背景：中性灰色背景。

⑤拍摄技术要求：

a. 分辨率：1 024 px × 768 px 以上；

b. 光线：充足柔和的自然光；

c. 拍摄角度：垂直拍摄；

d. 拍摄模式：程序自动模式（P模式）；

e. 白平衡：自定义；

f. 物距：50 cm 左右；

g. 相机固定方式：三角架。

籽粒形状照片

**籽粒：颜色**

①拍摄时期：成熟期。

②拍摄地点与时间：室内柔光箱中，上午 8 点至 12 点，下午 3 点至 5 点。

③拍摄前准备：选取种植小区内生长正常的典型株谷子植株，采集完整穗，脱粒平铺，进行拍摄。

④拍摄背景：中性灰色背景。

⑤拍摄技术要求：

a. 分辨率：1 024 px × 768 px 以上；

b. 光线：充足柔和的自然光；

c. 拍摄角度：正面垂直拍摄；

d. 拍摄模式：程序自动模式（P 模式）；

e. 白平衡：自定义；

f. 物距：50 cm 左右；

g. 相机固定方式：三角架。

籽粒颜色照片

# 5 一致性照片及拍摄方法

## 穗：刚毛颜色

①拍摄时期：盛花期。

②拍摄地点与时间：室内柔光箱中或田间遮阴处，上午 8 点至 12 点，下午 3 点至 5 点。

③拍摄前准备：选取小区内生长正常的典型株和异型株相应的性状部位，相机与植株拍摄部位保持垂直，在室内或田间进行拍摄。

④拍摄背景：中性灰色背景或田间为背景。

⑤拍摄技术要求：

a. 分辨率：1 024 px × 768 px 以上；

b. 光线：充足柔和的自然光；

c. 拍摄角度：正面垂直拍摄；

d. 拍摄模式：程序自动模式（P 模式）；

e. 白平衡：自定义；

f. 物距：30 cm 左右；

g. 相机固定方式：三角架或手持。

**穗刚毛颜色一致性照片**

## 6　特异性照片及拍摄方法

**植株**

①拍摄时期：全小区穗完全抽出叶鞘至开花盛期。

②拍摄地点与时间：田间顺光处（最好选择阴天），上午8点至11点，下午4点至6点。

③拍摄前准备：选取申请品种和相邻种植的近似品种两个小区，相机与地面保持45°左右，在田间进行拍摄。

④拍摄背景：田间小区为背景。

⑤拍摄技术要求：

a. 分辨率：1 024 px × 768 px 以上；

b. 光线：充足柔和的自然光；

c. 拍摄角度：45°；

d. 拍摄模式：程序自动模式（P模式）；

e. 白平衡：自定义；

f. 物距：50 cm 左右；

g. 相机固定方式：手持。

**植株特异性照片**

穗

①拍摄时期：颖果变硬。

②拍摄地点与时间：室内柔光箱中，上午8点至11点，下午3点至5点。

③拍摄前准备：选取小区内生长正常的申请品种和近似品种的典型株果穗，相机与果穗保持垂直角度，在室内进行拍摄。

④拍摄背景：中性灰色为背景。

⑤拍摄技术要求：

a. 分辨率：1 024 px × 768 px 以上；

b. 光线：充足柔和的自然光；

c. 拍摄角度：正面垂直拍摄；

d. 拍摄模式：程序自动模式（P模式）；

e. 白平衡：自定义；

f. 物距：50 cm 左右；

g. 相机固定方式：三角架。

穗特异性照片

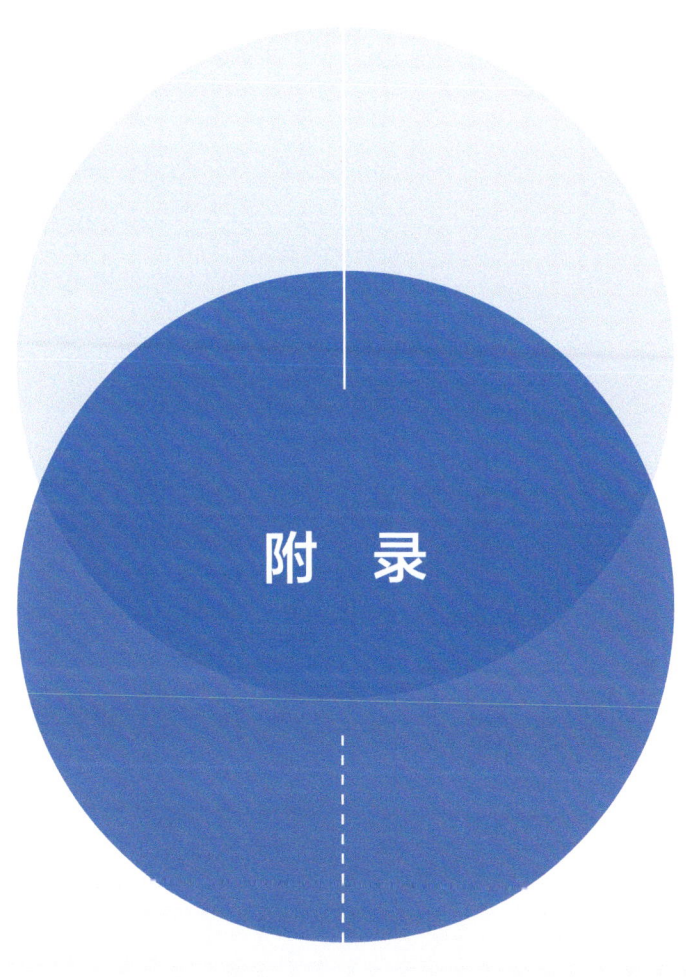

附 录

## 附例 1：×××分中心×××年度谷子 DUS 测试种子接收登记表

登记日期：×年×月×日　　　　　　　　　　　　　　　　　　登记人：×××

| 序号 | 测试编号/品种名称 | 保藏编号 | 品种类型 | 测试周期 | 数量/g | 来源 | 任务类型 | 备注 |
|---|---|---|---|---|---|---|---|---|
| 1 | 202310××××A | XIN580058578 | 常规种 | 1 | 30 | 测试中心 | 申请保护 | |
| 2 | 202310××××A | XIN580056361 | 常规种 | 1 | 30 | 测试中心 | 申请保护 | |
| 3 | 202210××××A | XIN580058575 | 常规种 | 2 | 30 | 测试中心 | 申请保护 | |
| 4 | 张杂谷 20 号 | 无 | 杂交种 | 1 | 500 | ××× | 委托测试 | |
| 5 | ××× | 无 | 常规种 | 1 | 500 | ××× | 委托测试 | |
| 6 | ××× | 无 | 常规种 | 1 | 500 | ××× | 委托测试 | |
| | | | | | | | | |
| | | | | | | | | |
| | | | | | | | | |
| | | | | | | | | |
| | | | | | | | | |

## 附例2：×××分中心×××年度谷子DUS测试品种田间排列种植单

制定人：×××

| 序号 | 区号 | 测试编号 | 测试周期 | 品种类型 | 小区行数 | 任务来源 | 备注 |
|---|---|---|---|---|---|---|---|
| 1 | 1001 | 2022100××××A | 2 | 不育系 | 4 | 申请保护 | |
| 2 | 1002 | 2022100××××B | 2 | 不育系 | 4 | 申请保护 | |
| 3 | 1005 | 2022525××××A | 2 | 自交系 | 4 | 委托测试 | |
| 4 | 2002 | 2023525××××A | 1 | 常规种 | 4 | 委托测试 | |
| 5 | 2003 | 2023525××××A | 1 | 常规种 | 4 | 委托测试 | |
| 6 | 2030 | 2022525××××A/<br>2022525××××B | 2 | 常规种 | 4 | 委托测试 | |
| 7 | 2031 | 2022525××××A | 2 | 常规种 | 4 | 委托测试 | |
| 8 | 2054 | 202310××××A | 1 | 常规种 | 4 | 申请保护 | |
| 9 | 2055 | 202310××××A | 1 | 常规种 | 4 | 申请保护 | |
| 10 | 3006 | 2023525××××A | 1 | 杂交种 | 4 | 委托测试 | |
| 11 | 3007 | 2023525××××A | 1 | 杂交种 | 4 | 委托测试 | |

## 附例3：×××分中心×××年度谷子DUS测试品种田间种植图

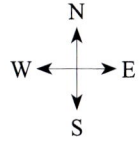

制图人：×××

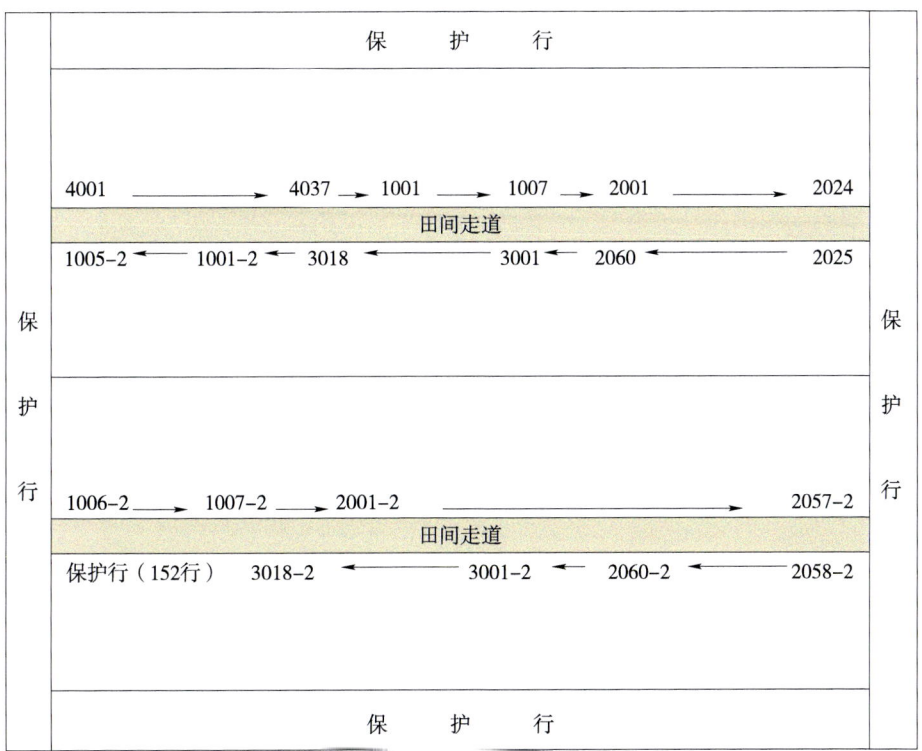

注：1. 小区行长5 m，行距0.4 m，株距0.05 m，走道宽1.5 m，无走道隔开区间0.5 m，播种大豆隔离。标准品种3行区，DUS测试试验均为4行区；

2. 4001—4037为标准品种，3行区；

3. 1001—1007为不育系测试第Ⅰ重复；

4. 2001—2060为常规种测试第Ⅰ重复；

5. 3001—3018为杂交种测试第Ⅰ重复；

6. 1001-2—1007-2为不育系测试第Ⅱ重复；

7. 2001-2—2060-2为常规种测试第Ⅱ重复；

8. 3001-2—3018-2为杂交种测试第Ⅱ重复。

## 附例 4：×××分中心×××年度谷子 DUS 测试品种栽培管理记录表

试验地点：河北省张家口市经开区沙岭子镇　　　　　记录人：×××　×××

### 试验设计

试验地面积 10 亩，土质为钙栗土，肥力中上等，前茬作物为玉米。申请品种与近似品种相邻排列，设 2 次重复。小区行长 5 m，株行距 5 cm × 40 cm。小区面积 8 m²，种植 4 行，每行定植 100 株，2 次重复共 800 株。标准品种种植 3 行，1 次重复 300 株。

| 序号 | 管理名称 | 管理分类 | 管理日期 | 管理内容 | 备注 |
|---|---|---|---|---|---|
| 1 | 施肥 | 基本情况 | 2023/05/04 | 磷酸二铵 20 kg/亩、辛硫磷 2 kg/亩 | |
| 2 | 旋耕 | 基本情况 | 2023/05/07 | 10 cm 深度旋耕 | |
| 3 | 播种 | 基本情况 | 2023/05/11 | 人工开沟种子带条播或人工撒播、耧车播种 | |
| 4 | 灌溉 | 基本情况 | 2023/05/12 | 微喷带浇水，一次性浇透 | |
| 5 | 定苗 | 基本情况 | 2023/06/01 | 定苗、除草 | |
| 6 | 除草 | 基本情况 | 2023/06/27 | 除草 | |
| 7 | 暴雨 | 特殊情况 | 2023/07/15 | 暴雨造成部分品种倒伏 | |
| 8 | 中耕除草 | 基本情况 | 2023/08/10 | 中耕除草 | |
| 9 | 收获 | 基本情况 | 2023/09/24 | 早熟品种收获成熟谷穗 | |
| 10 | 收获 | 基本情况 | 2023/10/08 | 中晚熟品种收获成熟谷穗 | |

## 附例5：×××分中心××××年度谷子DUS测试品种目测性状记录表

调查日期：××××年×—×月　　　　　　　　　　　　　　　　　　　　记录人：×××× ×××

| 2023年区号I | 测试编号 | 品种名称 | 出苗时间 | 1 幼苗：猫耳叶顶端形状 | 2 幼苗：叶片颜色 | 3 幼苗：苗期叶鞘颜色 | 4 幼苗：叶姿 | 5 幼苗：叶枕花青苷显色 | 6 叶片抽穗期 | 7 植株：叶姿 | 8 穗：刚毛长度 | 9 穗：刚毛颜色 | 10 颖花：花药颜色 | 13 穗：护颖颜色 | 16 植株：颜色 | 19 穗颈：姿态 | 21 穗：形状 | 24 穗：穗码密度 | 29 籽粒：形状 | 30 籽粒：颜色 | 31 颖壳：颜色 | 32 籽粒：胚乳类型 |
|---|---|---|---|---|---|---|---|---|---|---|---|---|---|---|---|---|---|---|---|---|---|---|
| 1001 | 2020100×××××A | ××× | | | | | | | | | | | | | | | | | | | | |
| 1002 | 2020100×××××B | ××× | | | | | | | | | | | | | | | | | | | | |
| 1003 | 2020100×××××A | ××× | | | | | | | | | | | | | | | | | | | | |
| 1004 | 2020100×××××B | ××× | | | | | | | | | | | | | | | | | | | | |
| 1005 | 2022525×××××A | ××× | | | | | | | | | | | | | | | | | | | | |
| 1006 | 2022525×××××B | ××× | | | | | | | | | | | | | | | | | | | | |
| 1007 | 2022525×××××A | ××× | | | | | | | | | | | | | | | | | | | | |
| 2001 | 2023525×××××A | ××× | | | | | | | | | | | | | | | | | | | | |
| 2002 | 2023525×××××A | ××× | | | | | | | | | | | | | | | | | | | | |
| 2003 | 2023525×××××A | ××× | | | | | | | | | | | | | | | | | | | | |
| 2004 | 2023525×××××A | ××× | | | | | | | | | | | | | | | | | | | | |

注：此表出版时略作调整，实际工作中请使用系统导出表格。

## 附例 6：×××分中心 ×××× 年度谷子 DUS 测试品种测量性状记录表

调查日期：×××× 年 ×—× 月　　　　　　　　　　　　　　　　　记录人：×××× ×××

| 品种名称/区号/测试编号 | 性状编号及性状名称 | | 单位 | 1 | 2 | 3 | 4 | 5 | 6 | 7 | 8 | 9 | 10 | 11 | 12 | 13 | 14 | 15 | 16 | 17 | 18 | 19 | 20 | 21 | 22 |
|---|---|---|---|---|---|---|---|---|---|---|---|---|---|---|---|---|---|---|---|---|---|---|---|---|---|
| ×××/1001/2020100 ××××A | 11 | 叶片：倒二叶长度 | cm | | | | | | | | | | | | | | | | | | | | | | |
| | 12 | 叶片：倒二叶宽度 | cm | | | | | | | | | | | | | | | | | | | | | | |
| | 14 | 茎秆：长度 | cm | | | | | | | | | | | | | | | | | | | | | | |
| | 15 | 茎秆：粗度 | mm | | | | | | | | | | | | | | | | | | | | | | |
| | 17 | 植株：伸长节节间数 | 节 | | | | | | | | | | | | | | | | | | | | | | |
| | 18 | 植株：成穗茎数 | 个 | | | | | | | | | | | | | | | | | | | | | | |
| | 20 | 穗颈：长度 | cm | | | | | | | | | | | | | | | | | | | | | | |
| | 22 | 穗：长度 | cm | | | | | | | | | | | | | | | | | | | | | | |
| | 23 | 穗：粗度 | mm | | | | | | | | | | | | | | | | | | | | | | |
| | 25 | 穗：单码籽粒数 | 个 | | | | | | | | | | | | | | | | | | | | | | |
| | 26 | 穗：单穗重 | g | | | | | | | | | | | | | | | | | | | | | | |
| | 27 | 穗：出谷率 | % | | | | | | | | | | | | | | | | | | | | | | |
| | 28 | 籽粒：千粒重 | g | | | | | | | | | | | | | | | | | | | | | | |

# 附例 7：×××分中心×××年度谷子 DUS 测试品种一致性情况记录表

地点：河北省张家口市经开区沙岭子镇　　　　　　　　记录人：××× ×××

| 小区号 | 性状 | 典型株 | 株数 | 异型株 | 株数 | 照片 |
|---|---|---|---|---|---|---|
| 1009 | 穗：刚毛颜色 | 2 | 96 | 3 | 17 | √ |
| 1005 | 穗：形状 | 2 | 112 | 3 | 14 | √ |
|  |  |  |  |  |  |  |
|  |  |  |  |  |  |  |
|  |  |  |  |  |  |  |
|  |  |  |  |  |  |  |
|  |  |  |  |  |  |  |
|  |  |  |  |  |  |  |
|  |  |  |  |  |  |  |
|  |  |  |  |  |  |  |
|  |  |  |  |  |  |  |
|  |  |  |  |  |  |  |
|  |  |  |  |  |  |  |
|  |  |  |  |  |  |  |
|  |  |  |  |  |  |  |
|  |  |  |  |  |  |  |

## 附例8：×××分中心×××年度谷子DUS测试品种照片拍摄记录表

地点：河北省张家口市经开区沙岭子镇　　　　　　记录人：××× ×××

| 序号 | 小区号 | 时间<br>（月.日） | 幼苗 | 时间<br>（月.日） | 植株 | 时间<br>（月.日） | 穗 | 时间<br>（月.日） | 籽粒 |
|---|---|---|---|---|---|---|---|---|---|
| 1 | 1001 | 6.10 | √ | 8.28 | √ | 10.8 | √ | 10.28 | √ |
| 2 | 1003 | 6.9 | √ | 8.29 | √ | 10.8 | √ | 10.28 | √ |
| 3 | 1005 | | | | | | | | |
| 4 | 1007 | | | | | | | | |
| 5 | 2019 | | | | | | | | |
| 6 | 2021 | | | | | | | | |
| 7 | 2022 | | | | | | | | |
| 8 | 2023 | | | | | | | | |
| 9 | 2025 | | | | | | | | |
| | | | | | | | | | |
| | | | | | | | | | |
| | | | | | | | | | |
| | | | | | | | | | |
| | | | | | | | | | |

附例 9：植物品种特异性、一致性和稳定性测试报告

## 植物品种特异性、一致性和稳定性测试报告

| 测试编号 | 2022525××××A | | 属或种 | 谷子 Setaria italica（L.）P. Beauv. | | |
|---|---|---|---|---|---|---|
| 品种名称 | ××× | | 品种类型 | 常规种 | | |
| 委托单位 | ××××××× | | | | | |
| 测试单位 | 农业农村部植物新品种测试（张家口）分中心 | | 测试地点 | 张家口市 | | |
| 测试指南 | 《植物新品种特异性、一致性和稳定性测试指南　谷子》NY/T 2425—2013 | | | | | |
| 生长周期 | 第 1 周期 | 2022 年 05 月 11 日—2022 年 09 月 28 日 | | | | |
| | 第 2 周期 | 2023 年 05 月 12 日—2023 年 09 月 30 日 | | | | |
| 材料来源 | 委托人提供 | | | | | |
| 有差异性状 | 近似品种名称 | 有差异性状 | 测试品种描述 | | 近似品种描述 | 备注 |
| | | | | | | |
| | | | | | | |
| | | | | | | |
| 特异性 | 对比筛查：[已知品种库]、[测试数据库]。筛选条件[QL 相等，PQ 相等，QN 小于 2]，筛选结果为 0 个品种，判定待测品种具备特异性 | | | | | |
| 一致性 | 具备一致性 | | | | | |
| 稳定性 | 具备稳定性 | | | | | |
| 结论 | ☑ 特异性　☑ 一致性　☑ 稳定性（√表示具备，×表示不具备，○表示未判定） | | | | | |
| 其他说明 | 委托测试仅对来样负责 | | | | | |
| 测试单位 | 测试员：×××　　　　日期：2023 年 12 月 12 日<br>测试员建议：<br>××× | | | | （盖章）：<br><br>2023 年 12 月 21 日 | |
| | 审核人：×××　　　　日期：2023 年 12 月 21 日<br>审核人建议：<br>××× | | | | | |

## 性状描述表

| 测试编号： | 2022525××××A | 测试员： | ××× |
|---|---|---|---|
| 测试单位： | 农业农村部植物新品种测试（张家口）分中心 | | |

| 性状 | 代码及描述 | | 数据 |
|---|---|---|---|
| 1. 幼苗：猫耳叶顶端形状 | × | 尖到圆 | |
| 2. 幼苗：叶片颜色 | × | 绿色 | |
| 3. 幼苗：苗期叶鞘颜色 | × | 绿色 | |
| 4. 幼苗：叶姿 | × | 半上冲 | |
| 5. 幼苗：叶枕花青苷显色 | × | 无或弱 | |
| 6. 叶片：抽穗期 | × | 中 | ×d |
| 7. 植株：叶姿 | × | 上冲 | |
| 8. 穗：刚毛长度 | × | 极短到短 | |
| 9. 穗：刚毛颜色 | × | 绿色 | |
| 10. 颖花：花药颜色 | × | 白色 | |
| 11. 叶片：倒二叶长度 | × | 短到中 | ×cm |
| 12. 叶片：倒二叶宽度 | × | 中 | ×cm |
| 13. 穗：护颖颜色 | × | 绿色 | |
| 14. 茎秆：长度 | × | 短 | ×cm |
| 15. 茎秆：粗度 | × | 粗 | ×mm |
| 16. 植株：颜色 | × | 绿色 | |
| 17. 植株：伸长节节间数 | × | 多 | ×节 |
| 18. 植株：成穗茎数 | × | 单秆或少 | ×个 |
| 19. 穗颈：姿态 | × | 勾形 | |
| 20. 穗颈：长度 | × | 短到中 | ×cm |
| 21. 穗：形状 | × | 圆锥 | |

（续）

| 性状 | 代码及描述 | | 数据 |
|---|---|---|---|
| 22. 穗：长度 | × | 短 | × cm |
| 23. 穗：粗度 | × | 中 | × mm |
| 24. 穗：穗码密度 | × | 中到密 | |
| 25. 穗：单码籽粒数 | × | 中到多 | × 个 |
| 26. 穗：单穗重 | × | 中到高 | × g |
| 27. 穗：出谷率 | × | 高 | × % |
| 28. 籽粒：千粒重 | × | 中 | × g |
| 29. 籽粒：形状 | × | 卵形 | |
| 30. 籽粒：颜色 | × | 黄色 | |
| 31. 颖果：颜色 | × | 中等黄色 | |
| 32. 籽粒：胚乳类型 | × | 粳 | |
| 33. 抗性：谷锈病 | | — | |

## 照片描述

2022525××××A 幼苗

2022525××××A 植株

2022525××××A 穗

2022525××××A 籽粒